BEI GRIN MACHT SICH IHR WISSEN BEZAHLT

- Wir veröffentlichen Ihre Hausarbeit,
  Bachelor- und Masterarbeit

- Ihr eigenes eBook und Buch -
  weltweit in allen wichtigen Shops

- Verdienen Sie an jedem Verkauf

Jetzt bei www.GRIN.com hochladen
und kostenlos publizieren

Alexander Liebram

Bauschäden und energetische Sanierung

GRIN Verlag

Bibliografische Information der Deutschen Nationalbibliothek:

Die Deutsche Bibliothek verzeichnet diese Publikation in der Deutschen National-
bibliografie; detaillierte bibliografische Daten sind im Internet über http://dnb.d-
nb.de/ abrufbar.

Impressum:

Copyright © 2010 GRIN Verlag GmbH
Druck und Bindung: Books on Demand GmbH, Norderstedt Germany
ISBN: 978-3-656-00428-8

Dieses Buch bei GRIN:

http://www.grin.com/de/e-book/178194/bauschaeden-und-energetische-sanierung

Hausarbeit für das Fach

„Bauschäden und energetische Sanierung"

Name:	Alexander Liebram
Studiengang:	Regenerative Energie & Energieeffizienz
Abgabedatum:	25.02.2010

Abbildung 1: Ansicht von Süd-Westen

Inhaltsverzeichnis

INHALTSVERZEICHNIS 2

1. ABKÜRZUNGSVERZEICHNIS 3

2. EINFÜHRUNG 5

3. BESCHREIBUNG BESTANDSGEBÄUDE 7

    3.1 DATENERFASSUNG 11

4. ENERGETISCHE BEWERTUNG DER IST-SITUATION 11

5. SANIERUNGSMASSNAHMEN 17

    5.1 MASSNAHME 1: DÄMMUNG AUSSENWÄNDE 17

    5.2 MASSNAHME 2: OPTIMIERUNG DER ANLAGENTECHNIK 17

    5.3 MASSNAHME 3: INSTALLATION SOLARTHERMIEANLAGE 18

    5.4 MASSNAHME 4: KOMBINATION DER EINZELMASSNAHMEN 19

    5.5 ZUSAMMENFASSUNG 20

10. LITERATURVERZEICHNIS 22

1. Abkürzungsverzeichnis

λ	–	Wärmeleitfähigkeit
ρ	–	Rohdichte
°	–	Grad
A	–	Fläche
a	–	Jahr
bzw.	–	beziehungsweise
C	–	Celsius
c_p	–	spezifische druckabhängige Wärmekapazität
cm	–	Zentimeter
Co.	–	Kollegen
CO_2	–	Kohlendioxid
dena	–	Deutsche Energie Agentur
DIN	–	Deutsche Industrie Norm
EN	–	europäische Norm
EnEV	–	Energieeinsparverordnung
g	–	Gesamtenergiedurchlassgrad
GmbH	–	Gesellschaft mit beschränkter Haftung
h	–	Stunde
H_T	–	Transmissionswärmeverluste
ISO	–	International Organization of Standardization
K	–	Kelvin
KG	–	Kommanditgesellschaft
kWh	–	Kilowattstunde
l	–	Liter
m^2	–	Quadratmeter
mm	–	Millimeter

OG	–	Obergeschoss
OSB	–	orientated strand board (Platte aus ausgerichteten Spänen)
PE	–	Polyethylen
PVC	–	Polyvinylchlorid
U	–	Wärmedurchgangskoeffizient
usw.	–	und so weiter
W	–	Watt
z.B.	–	zum Beispiel

2. Einführung

Neben der Nutzung von regenerativ erzeugten Energien ist ein weiterer Aspekt der Schonung der Ressourcen und Senkung des CO_2-Ausstosses die effiziente Nutzung der Energien. Energie wird zum einen dafür verwendet, industrielle Prozesse in Gang zu setzen um Produkte zu erstellen. Zum anderen ist aber die Technische Gebäudeausrüstung in Immobilien ein großer Energieverbraucher, oder um in der Wortwahl korrekter zu bleiben, ein wichtiger Energiewandler. Denn Gebäude benötigen in der Regel Energie für die Beleuchtung, Raumheizung, Klimatisierung und Lüftung, sowie die Mess,- Steuer- und Regeltechnik. Um das Ziel der Bundesregierung, bis 2020 den CO_2-Ausstoss um 20% zu senken, erfüllen zu können, muss neben der Förderung der regenerativen Energien auch dafür gesorgt werden Neubauten so zu gestalten, dass möglichst wenig Energie zum Betrieb benötigt wird bzw. verloren geht.

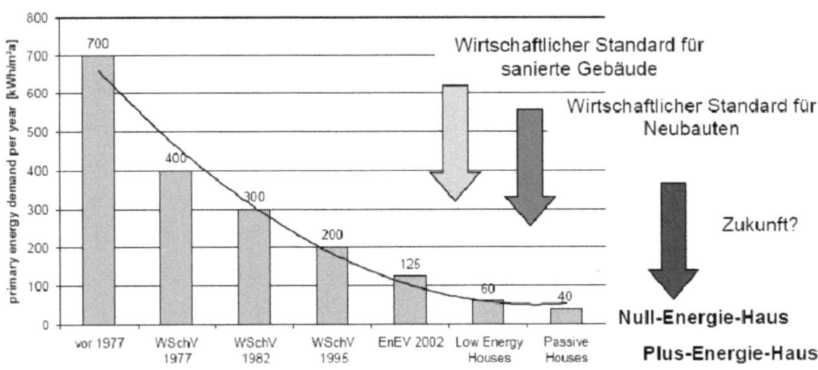

Abbildung 2: Entwicklung des maximal zulässigen Primärenergiebedarfs[1]

Um diese Zielstellung umzusetzen und rechtlich zu verankern wurde die Energieeinsparverordnung (EnEV) verabschiedet. Aktuell ist die EnEV 2009 die verbindliche gültige Fassung, die jedoch 2012 novelliert werden wird, wobei die Anforderungen nochmals um 30% verschärft werden. Die Energieeinsparverordnung kann in zwei Teile unterschieden werden. Zum einen existiert die EnEV für Wohngebäude wie Einfamilienhäuser, Wohnheime und Altenheime, zum anderen gibt es eine Fassung für Nichtwohngebäude wie Büro- und Verwaltungsgebäude, Schulen, Theater und andere. Die Energieeinsparverordnung ist bei einem Neubau einzuhalten, sowie im Bestand wenn es zu einer Sanierung oder Erweiterung eines Gebäudes kommt, wobei die Erneuerung mehr als 10% der

---

[1] Quelle stammt aus Vorlesungsunterlagen von Dipl.-Ing. Christina Sager für das Seminar „Energieeffizientes Planen und Bauen"

Bauteilfläche ausmacht. Die EnEV stellt die Anforderung, dass gemäß eines Referenzbaus der maximal zulässige Jahresprimärenergiebedarf des zu bewertenden Gebäudes nicht überschritten wird. Berechnet wird der Primärenergiebedarf nach der DIN V 4108-6 und DIN V 4701-10. Hier wird im Monatsbilanzverfahren errechnet wie viel Energie durch die Gebäudehülle nach außen dringt und somit als Verlust angesehen werden kann und wie viel Energie die Anlagentechnik zum Betrieb benötigt. Im speziellen stellt die EnEV folgende Anforderungen:

- bestimmter flächenbezogener Primärenergiebedarf muss unterschritten werden
- Transmissionswärmeverluste dürfen ein festgesetztes Maß nicht überschreiten
- der sommerliche Wärmeschutz muss eingehalten werden
- die Gebäudehülle muss dauerhaft luftdicht ausgebildet sein
- ein Mindestluftwechsel muss garantiert sein
- Wärmebrückeneinflüsse sollen verringert werden.[2]

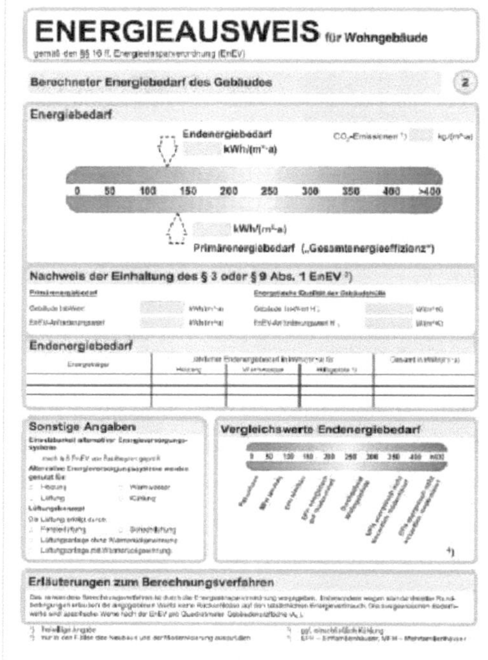

Aus der Berechnung eines Gebäudes nach der Energieeinsparverordnung resultiert der Energieausweis. Dieser ist bei Verkauf oder Vermietung dem potentiellen neuen Mieter respektive Eigentümer vorzulegen. Das heißt, dass ein positiver Beleg im Energieausweis durchaus auch ein Marketinginstrument für eine Immobilie darstellt. Der ausgestellte Energieausweis ist für die Zeitspanne von zehn Jahren gültig. Zum berechnen kann man verschiedene Software nutzen.

Die vorliegende Hausarbeit hat zum Thema, für ein Bestandsgebäude die Ist-Situation zu analysieren, um im Anschluss daran Sanierungsvorschläge zu unterbreiten, sodass die Richtlinien der

Abbildung 3: Beispiel für einen Energieausweis

---

[2] vergleiche Literaturverzeichnis [1] S. 3 - 16

Energieeinsparverordnung 2009 erfüllt werden.

3. Beschreibung Bestandsgebäude

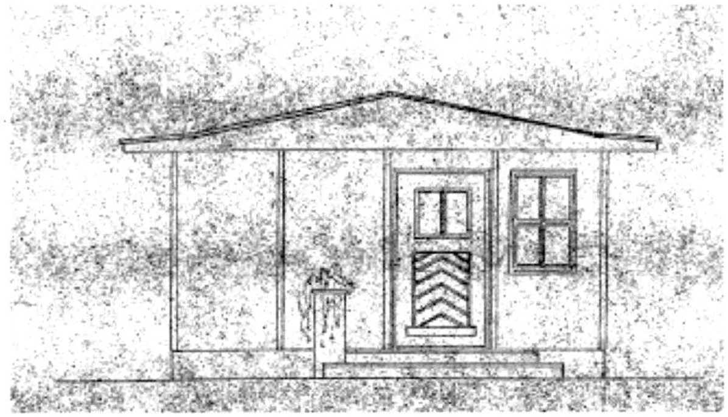

Abbildung 4: Ansicht von Norden (die Tür wurde bei späteren Umbaumaßnahmen entfernt)

Bei dem betrachteten Gebäude handelt es sich um eine eingeschossige Ferienwohnung auf der Ostsee-Insel Usedom, im Ort Zempin. Das bedeutet das Objekt wird saisonbedingt hauptsächlich in den Sommer- und Frühlingsmonaten genutzt. Im Herbst und Winter liegt keine durchgängige Nutzung vor, nichtsdestotrotz wird die Ferienwohnung auch vereinzelt in diesen Monaten besucht.

Das nicht unterkellerte Gebäude wurde 1960 in Holzbauweise errichtet. Zwei 2cm starke Pressholzplatten sind mittels Konstruktionshölzern 3cm voneinander entfernt. Ähnlich eines Rinankers sorgt der auf den Platten befestigte Rähm für die Stabilität der Konstruktion. Die Stöße der Platten sind von innen und außen verlascht. Die Ursprüngliche Form und Substanz des Objekts wurde im Laufe der Jahre mehrfach verändert. So wurden zum Beispiel die Holzplattenwände von außen mit einer Lattung versehen auf denen vertikale verlaufende Holzbretter montiert wurden. Da diese Maßnahme eher optische als funktionale Anforderungen befriedigte und dieser Umbau in den 70er Jahren vorgenommen wurde, wurde keine Dämmung zwischen die Lattung und die Verschalung gebracht. Zu einem späteren Zeitpunkt wurde in den 4cm breiten Zwischenraum eine 2cm starke Polysteroldämmplatte eingeschoben.

Bei dem Dach handelt es sich um ein Satteldach mit einer Neigung von 18°, welches von 3 Giebelbindern, 4 Hauptbindern und 8 Zwischenbindern getragen wird. Die Binder befinden sich einem Abstand von 55cm zu einander. Die Dachhaut wurde im Jahr 2000 aufgrund einer Beschädigung durch einen abgebrochenen Ast erneuert. Die Bitumenbahnen und die darunterliegende vollflächige Verschalung wurden entfernt und durch Pfannenprofilbleche auf einer Lattung ersetzt.

Das Dach ist jedoch kein Bestandteil der wärmeübertragenden Hüllfläche, da oberhalb der Geschossdecke Mineraldämmwolle verlegt wurde. Die Decke an sich besteht aus 2cm starken Pressholzplatten, die zwischen den waagerechten Bauteilen der Dachbinder verlascht wurden.

Den unteren Gebäudeabschluss bildet eine 10cm starke Stahlbetonplatte auf 35cm Kiesschicht. Der darauffolgende Fußbodenaufbau ist von Raum zu Raum unterschiedlich. So befindet sich im Essbereich eine Estrichschicht inklusive Fußbodenheizung und einem PVC-Belag darüber. Wohnzimmer, Schlafraum und Flur besitzen als Fußbodenaufbau zwei Bitumen-Dichtungsbahnen, eine 2cm starke OSB-Platte und als Abschluss Auslegware. Der Fußbodenaufbau der Küche ist ähnlich, nur das anstelle der Auslegware ein PVC-Belag verlegt wurde. Im Bad wurden auf einer Estrichschicht Fließen verlegt.

Eine zeichnerische Aufarbeitung des Schichtenaufbaus der wärmeübertragenden Hüllfläche (Außenwände, Decke und Fußboden) ist unter Abschnitt 4, der energetischen Bewertung der Ist-Situation, zu finden, da dort die Vorgehensweise der Berechnung erläutert wird.

Da die Dämmung außen angebracht ist besteht keine Gefahr von Wärmebrücken durch einbindende Innenwände und Geschossdecken. Da das gesamte Gebäude aus Holzbaustoffen besteht, entstehen weiterhin keine Wärmebrücken durch Materialänderungen im Bauteil, wie beispielsweise bei einer aufgelagerten Stahlbetondecke auf Mauerwerk. Lediglich im Fensteranschlussbereich besteht die Möglichkeit, dass sich linienförmige Wärmebrücken ausbilden, da hier keine Dämmung der Laibung vorgenommen wurde. Ein weiterer kritischer Punkt ist der Sockel über den die Wärme verloren gehen könnte, doch dieser wurde bei den Sanierungsmaßnahmen 1999 mit einer Wärmedämmplatte und einem Putz versehen.

Abbildung 5: Blick von Norden an Ost-Seite entlang

Das Gebäude wird mittels einer elektrischen Fußbodenheizung im Essbereich und Nachtspeicheröfen im Rest des Objekts beheizt. Die Fußbodenheizung besitzt eine Anschlussleistung von 1,7kW, alle Nachtspeicheröfen zusammengenommen ergeben eine Leistung von 16,8kW. Die Nachtspeicheröfen verfügen über einen Raumtemperaturregler und eine Aufladesteuerung. Auch die Trinkwassererwärmung wird durch Nutzung elektrischer Energie mittels eines Boilers mit 80l Speicher, vorgenommen. Ein Wechsel des Energieträgers ist aufgrund von Anschlussmöglichkeiten nicht sehr einfach durchführbar.

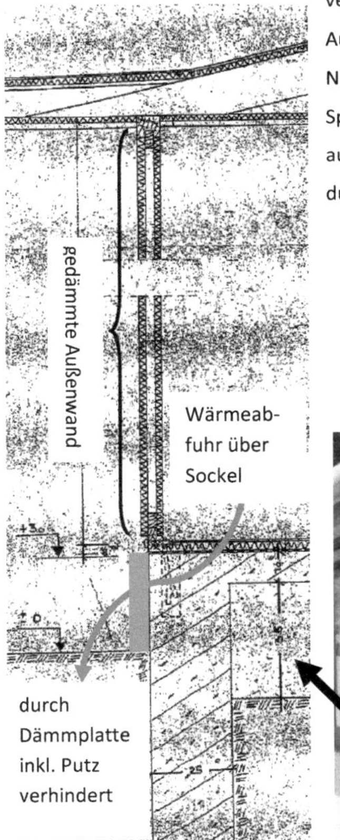

Abbildung 6: potentielle Wärmebrücke

Abbildung 7: Süd-Ansicht

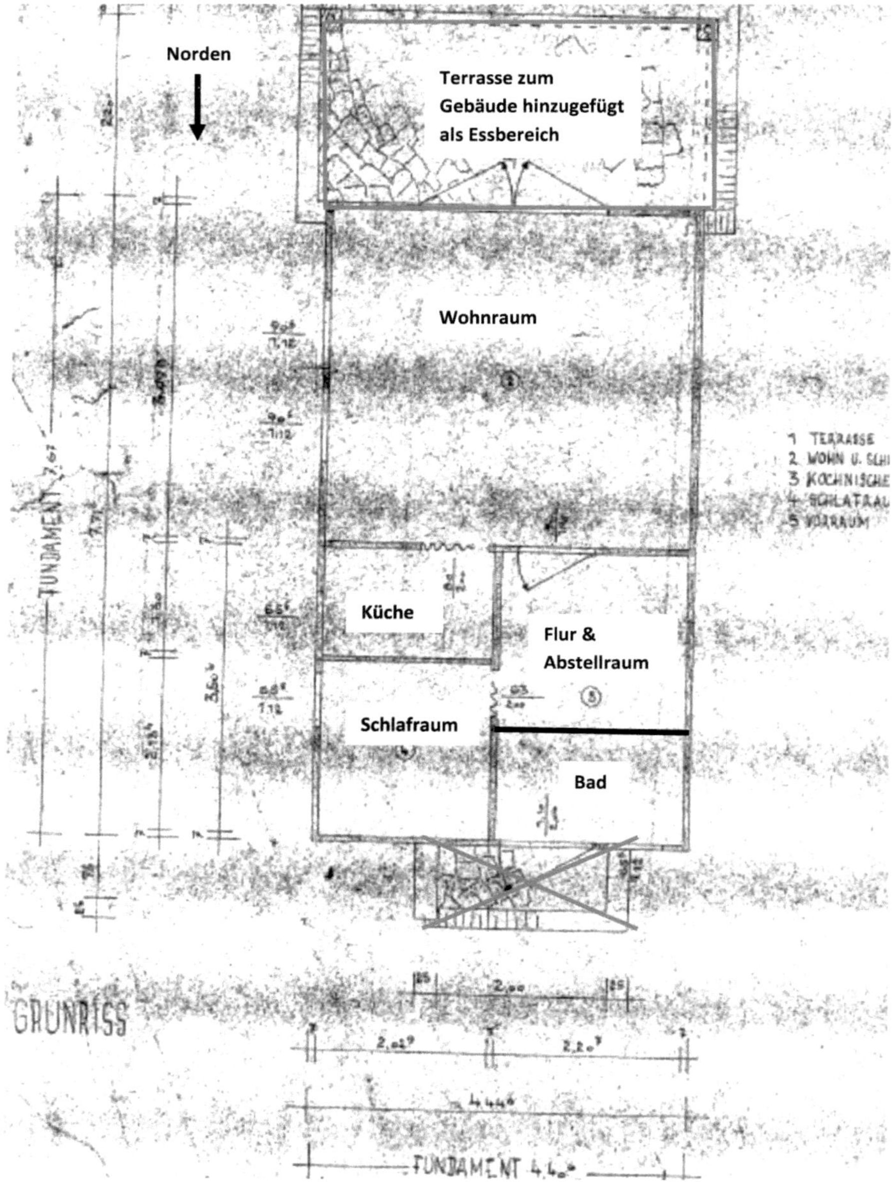

Abbildung 8: Grundriss (Terrasse gehört entgegen den Ausführungsplänen mittlerweile zum umbauten Raum, die Tür und die Treppe wurden entfernt)

3.1 Datenerfassung

Die Datenerfassung erfolgte auf verschiedenen Wegen. Die Wand-, Decken- und Dachaufbauten mit den entsprechenden Schichtdicken wurden aus den Ausführungsplänen entnommen, sowie deren Abmessungen und Flächen. Die Abmessungen der Fenster wurden aus dem Angebot des Fensterlieferanten ermittelt, da die in den Original-Plänen vermaßten Fenster durch Holzrahmenfenster mit 2-Scheiben-Wärmeschutzverglasung im Jahr 1999 ersetzt wurden.

Die zu den Baustoffen gehörigen Werte wie die Wärmeleitfähigkeit λ, sowie die Rohdichte ρ und die spezifische druckabhängige Wärmekapazität c_p wurden, wenn vorhanden aus den technischen Datenblättern des verbauten Materials ermittelt. Weitere zur Hilfe genommene Informationsquellen waren das Tabellenbuch „Schneider – Bautabellen für Ingenieure", sowie die im Programm hinterlegten Datenbanken.

4. Energetische Bewertung der Ist-Situation

Um die Ist-Situation für das Bauwerk zu erstellen, wurde in das Programm EPASS-Helena® 5.4 Ultra alle relevanten Informationen zur Gebäude- und Anlagentechnik eingegeben werden.

Im ersten Schritt wurde das Ferienhaus daher über die Gebäudeerfassung beschrieben. Unter diesem Menüpunkt kann man die Gebäudeform (L-, T-, U-förmig usw.), die Gebäudeart (freistehend, Reihenhaus), die Ausrichtung, Länge und Breite eingeben. Weitere Angaben, die hier gemacht werden betreffen die Geschossanzahl, die lichte Raumhöhe und die Stärke der Decken, sowie die Dachform, deren Ausrichtung und Neigung. Außerdem kann man unter der Gebäudeerfassung angeben welcher Aufbau der thermischen Hülle vorliegt. Über diesen Weg kann man einfache geometrische Gebäude schnell erzeugen. Im nächsten Schritt wurden die groben Angaben detaillierter beschrieben.

Es wurden im Anschluss die entsprechenden Wand- und Fensterflächen eingegeben, sowie der Wandaufbau mit den verwendeten Materialien und Schichtdicken.

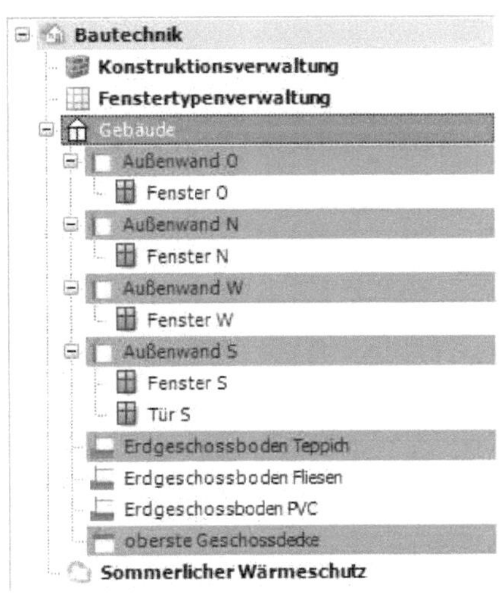

Abbildung 9: endgültige Gebäudestruktur im Programm

Die wärmeübertragende Hüllfläche setzt sich sowohl aus den Elementen Außenwände, sowie den Fenstern und der Tür, als auch der Decke und der Fußboden zusammen. Aus diesem Grund mussten diese Bauteile im Programm erzeugt werden, was bei den Fenstern und der Tür sehr einfach möglich ist, da hier der Typ „2-Scheiben-Isolierverglasung" aus der dena-Datenbank geladen wurde. Bei der Tür wurde lediglich der vorhandene U-Wert eingegeben. Die weiteren Bauteile mussten per Hand angelegt werden, wobei die einzelnen Materialien aus Katalogen geladen wurden. Die am meisten verwendeten Kataloge sind „DIN EN ISO 10456" für Holzbaustoffe, Mauerwerk und Putze. Weiterhin wurde der Katalog „Zusätzliche Baustoffe für alte Konstruktionen" für Luftschichten zwischen Sparren, Lattungen und Konstruktionshölzern verwendet, sowie die Datenbank „DIN V 4108-4" für Beläge und Betonbauteile. Der für die Sanierungsvorschläge benutzte Katalog für die Dämmungen ist der der „SCHWENK Dämmtechnik GmbH & Co. KG". Da die Fliesen in keinem der genannten und weiteren Kataloge zu finden waren, mussten diese Bauteile selbst angelegt werden. Die Informationen, die dafür heranzuziehen waren, betreffen die Wärmeleitfähigkeit, die spezifische Wärmekapazität und die Rohdichte. Für die Fliesen konnten diese Werte aus dem Buch „Schneider – Bautabellen für Ingenieure" entnommen werden.

Im Folgenden werden der Schichtaufbau und die Stärken der Bauteile, welche die wärmeübertragende Hüllfläche bilden in aller Kürze beschrieben:

Aufbau Außenwand:

- 2cm Pressholzplatte [1]
- 3cm Konstruktionsholz (4cm hoch) im Abstand von einem Meter [2]
- 2cm Pressholzplatte [3]
- 4,4cm Lattung (4cm hoch) im Abstand von 95cm [4]
- zwischen der Lattung befindet sich eine nachträglich eingeschobene Fassadendämmplatte
- abschließend wurden senkrecht verlaufende 2cm starke Bretter angebracht [5]

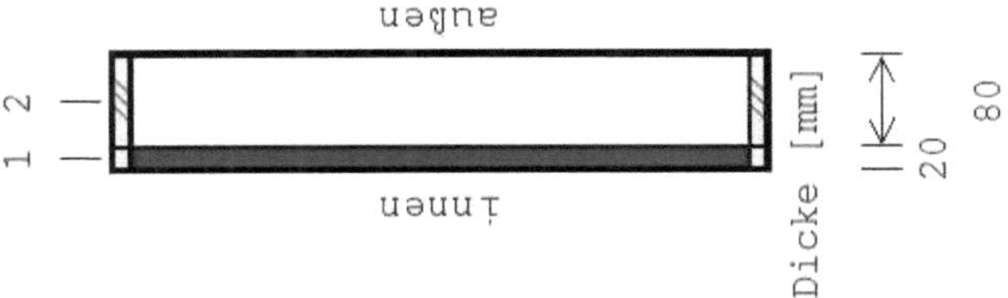

Aufbau Decke:

- 2cm Pressholzplatte [1]
- 3cm Konstruktionsholz (horizontales Bauteil der Dachbinder) [2]
- 8cm lose aufgelegte Mineraldämmwolle ohne Dampfsperre

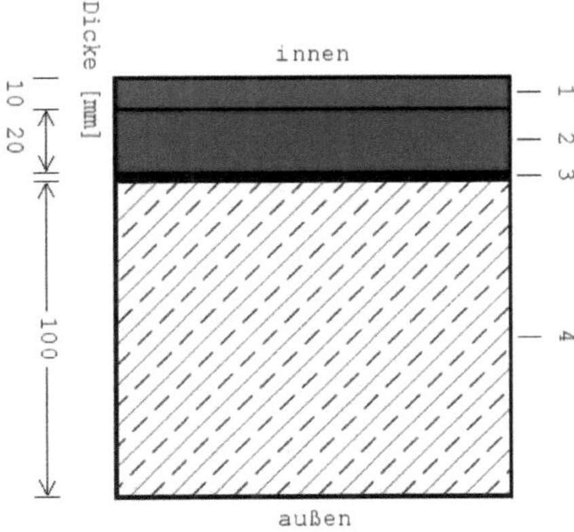

Aufbau Fußboden (im Bereich Wohnraum, Küche, Flur, Schlafraum):

- 1cm Auslegware bzw. 1cm PVC-Belag [1]
- 2cm Pressholzplatte [2]
- 2 Lagen Bitumenbahn [3]
- 10cm Stahlbetonplatte [4]
- darunter befindet sich eine 35cm starke Kiesschicht, die aber nicht berücksichtigt wurde

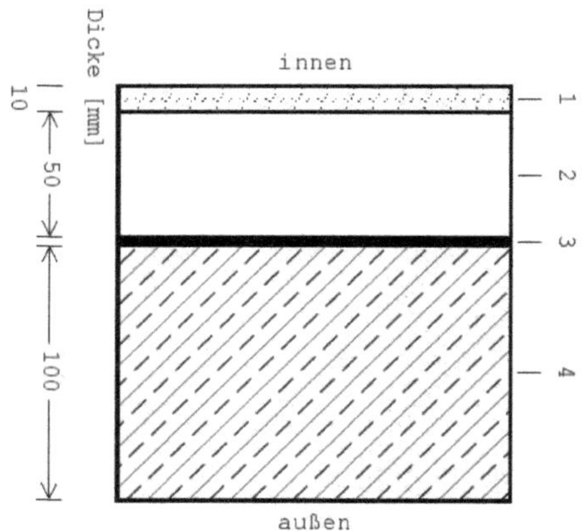

<u>Aufbau Fußboden (im Bereich Esszimmer, Bad):</u>

- 1cm Fliesen bzw. PVC-Belag im Bereich der Fußbodenheizung [1]
- 5cm Estrich [2]
- 2 Lagen Bitumenbahn [3]
- 10cm Stahlbetonplatte [4]
- darunter befindet sich eine 35cm starke Kiesschicht, die aber nicht berücksichtigt wurde

Es ist jedoch anzumerken, dass die Dämmung im Bereich zwischen den Lattungen der Außenwand nicht 4,4cm beträgt, sondern nur 2cm. Dies konnte aber bei der Erstellung der Wände mit der Software nicht durchgeführt werden. Die Dämmung ist hier nicht so stark wie der Zwischenraum, da diese nachträglich, nachdem die Außenverkleidung angebracht wurde, in die Zwischenräume geschoben wurde.

Nachdem die Informationen über den bautechnischen Teil eingegeben wurden, musste im Anschluss die Anlagentechnik beschrieben werden. Dafür wurden die gesammelten Informationen (unter Abschnitt 3 beschrieben) an den dafür vorgesehenen Stellen im Programm angewählt.

Das Ergebnis der Simulation hat ergeben, dass das Gebäude einen Primärenergiebedarf[3] von 605kWh/m²a besitzt respektive einen Endenergiebedarf[4] von 233kWh/m²a, was in etwa einem

---

[3] Primärenergiebedarf = Energiemenge zur Deckung der Endenergie, unter Berücksichtigung der Energiemenge, die durch vorgelagerte Prozessketten außerhalb der Systemgrenze Gebäude bei Gewinnung, Umwandlung, Transport und Übergabe entstehen.

mittleren Schwimmbad nach aktuellen anerkannten Regeln der Technik entspricht. Der Transmissionswärmeverlust[5] übersteigt hierbei die Anforderungen der Energieeinsparverordnung, welche bei 0,56W/m²K liegen, um 56%, da ein Wärmedurchgangswert von 0,87W/m²K vorliegt. Der vorhandene Primärenergiebedarf übersteigt den Anforderungswert nach der EnEV 2009 um 180%; zulässig sind statt der errechneten 605kWh/m²a lediglich 216kWh/m²a.

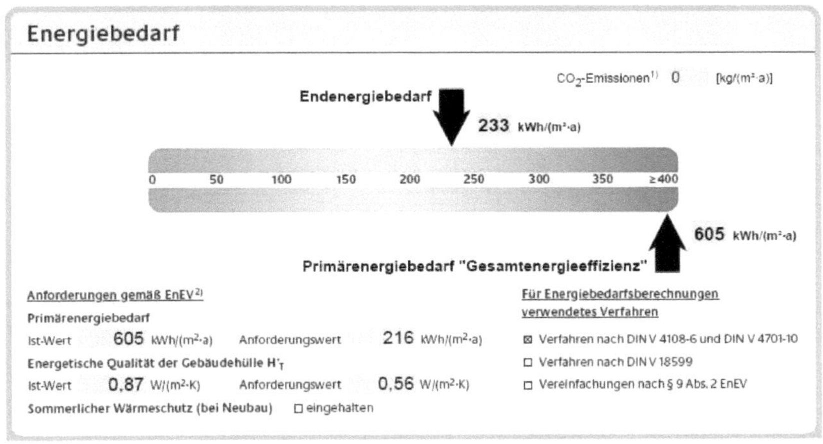

Abbildung 10: Auszug aus dem Energieausweis (Soll-Werte nach EnEV im Vergleich zu den vorhandenen Werten)

Der hohe Energiebedarf bei einem gleichzeitigen hohen Wärmedurchgang spricht natürlich nicht für die energetische Qualität der Bauausführung, was jedoch auf das Baujahr und den Zeitgeist, sowie die damals gültigen Vorschriften und Regeln der Technik zurückzuführen ist. Eine Sanierung ist empfehlenswert, wenn das Gebäude weiterhin selbst genutzt werden oder vermietet werden soll. Da eine Modernisierung nicht ausschließlich altruistischer Natur sein soll um die Umwelt schonen, gilt auch hier das Prinzip der Wirtschaftlichkeit. Was heißen soll, dass die Maßnahmen zu ergreifen sind, die sich schnellst möglich amortisieren. Durch die Sanierung kommt es zu Kosteneinsparungen bei der Beheizung der Räume und der Erwärmung des Trinkwarmwassers. Diese Kosteneinsparungen sollten natürlich größer sein als die Ausgaben für die Investition. Aufgrund der Aufgabenstellung und des Zeitbedarfs für die Hausarbeit werden im Folgenden jedoch keine Methoden der Investitionsrechnung vorgenommen.

---

[4] Endenergiebedarf = Energiemenge, die für die Gebäudebeheizung unter Berücksichtigung des Heizwärmebedarfs und der Verluste des Heizungssystems, sowie des Warmwasserbedarfs und der Verluste des Warmwassersystems, aufgebracht werden müssen.

[5] Transmissionswärmeverlust = entspricht dem mittleren Wärmedurchgangskoeffizienten über die gesamte Gebäudehülle

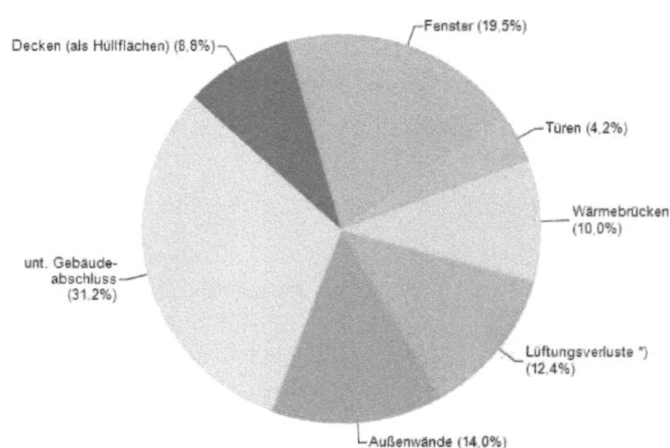

Abbildung 11: Anteilige Wärmeverluste am Gebäude

Wie anhand der Abbildung 13 zu erkennen ist sind die meisten Wärmeverluste den ungedämmten unteren Gebäudeabschluss zu schulden.

Aber auch über die Außenwände geht wegen der geringen Dämmstärke viel Wärme verloren, daher ist eine nachträgliche Dämmung mit dickeren Dämmstärken empfehlenswert. Hohe Verluste werden weiterhin durch die Fenster verursacht, die jedoch auf einem aktuellen Stand der Technik sind, die Verluste kommen vielmehr durch den hohen Fensterflächenanteil zu Stande. Die Lüftungswärmeverluste könnten mithilfe einer Zu- und Abluftanlage inklusive Wärmerückgewinnung erheblich vermindert werden. Durch diese Maßnahmen können auch die Transmissionswärmeverluste erheblich gesenkt werden. Um auch den Primärenergieverbrauch zu senken, sollte gleichzeitig die Anlagentechnik optimiert werden, doch dazu im Folgenden mehr.

Auffällig ist der hohe Primärenergieverbrauch (siehe Abbildung 10), der dadurch verursacht wird, dass zur Raum- und Wassererwärmung elektrische Energie verwendet wird. Es ist nämlich extrem unökologisch Wärme zuerst in elektrische Energie umzuwandeln, um sie später wieder in Wärme zurückzuführen. Bei diesen Prozessen entstehen hohe Umwandlungsverluste. Das heißt die meisten Verluste bei der Nutzung elektrischer Energie als Wärmequelle entstehen in den vorgelagerten Prozessketten. Aus diesem Grund wird die Verwendung von Elektrizität zur Raumheizung auch mit hohen negativen Bewertungsfaktoren beaufschlagt. Ein Wechsel zu anderen Energieträgern liegt in diesem Fall auf der Hand.

5. Sanierungsmaßnahmen

5.1 Maßnahme 1: Dämmung Außenwände

Der erste und naheliegende Schritt um dem geforderten Primärenergiebedarfs näher zu kommen ist die Dämmung der wärmeübertragenden Hüllfläche. Das Dach und die Außenwände sind bereits gedämmt. Da die Außenwand jedoch nur über eine geringe Dämmstäke verfügt, sollte hier die Holzverkleidung und die darunterliegende Lattung demontiert werden, um Latten mit größeren Abmessungen zu installieren, zwischen denen dann eine 10cm starke Fassadendämmplatte befestigt wird. Die Wärmeleitfähigkeit der gewählten Fassadendämmplatte beträgt 0,035W/mK.

Auf die Dämmung der Bodenplatte sollte aus Kostengründen verzichtet werden. Da hier die vorhandenen Fußbodenaufbauten bis auf die Höhe des Betons zurückgebaut werden müssten, um eine Dämmung einzubringen auf der eine Estrichschicht schwimmt. Dadurch würde zusätzlich die Höhe des Fußbodens erhöht werden, was bei den Türen für Probleme sorgen könnte, da hier die Türblätter und Rahmen gekürzt werden müssten. Weiterhin wurde im Essbereich eine elektrische Fußbodenheizung verlegt, welche dann auch wieder abgerissen werden müsste.

An der Dämmung des Daches wurde in der Simulation festgehalten

Als Resultat kann festgehalten werden, dass der Primärenergiebedarf von 605kWh/m²a um gerade einmal 7,4% auf 560,5kWh/m²a gesenkt werden kann. Der Endenergiebedarf senkt sich aufgrund der Dämmung um einen ähnlichen Wert von 232,7 kWh/m²a auf 215,6kWh/m²a. Der zulässige Transmissionswärmeverlust wird jetzt immer noch um 43,7% überschritten, von vormals 56%. Der spezifische Primärenergiebedarf übersteigt mit 159,5% jedoch die Anforderungen der EnEV noch bei weitem.

Diese Maßnahme alleine führt noch nicht zu den gewünschten Erfolgen. Im weiteren Verlauf werden noch weitere Einzelmaßnahmen vorgestellt um deren alleiniges Einsparpotential zu verdeutlichen. Letztendlich wird ein Vorschlag durch Kombination von Einzelmaßnahmen unterbreitet.

5.2 Maßnahme 2: Optimierung der Anlagentechnik

Wie bereits erläutert ist der hohe Primärenergiebedarf auf die Verwendung elektrischer Energie zurückzuführen. Daher wird die Elektroheizung in der Simulation durch eine Luft/Wasser-Wärmepumpe ersetzt, wobei die Übergabe mittels einer Flächenheizung im Fußboden vorgenommen wird. Auch hier ist nachteilig zu erwähnen, dass dafür der gesamte Fußbodenaufbau abgetragen und neu aufgebaut werden muss. In diesem Zug könnte dann auch eine Dämmung der Bodenplatte erfolgen. Die Vorlauftemperatur der Fußbodenheizung wurde mit 35°C beanschlagt.

Die Trinkwassererwärmung wird ebenfalls von der Wärmepumpe vorgenommen. Weiterhin wird der Einsatz einer Lüftungsanlage mit Wärmerückgewinnung empfohlen um die Lüftungswärmeverluste zu verringern.

Wenn alle vorgeschlagenen Maßnahmen angewendet werden, kann der Primärenergieverbauch um 66,7% auf 201,7kWh/m²a gesenkt werden. Ein ähnliches Bild ergibt sich beim Endenergieverbrauch der um den gleichen Betrag auf 77,6kWh/m²a fällt. Die Anforderungen der EnEV bezüglich des spezifischen Transmissionswärmekoeffizienten werden jedoch hierbei nicht verringert. Die Anforderungen an den Primärenergiebedarf werden hingegen um 5,2% übertroffen. Auch diese Variante als einzige Sanierungsmaßnahme führt nicht zu dem gewünschten Ziel die Werte der aktuell gültigen Energieeinsparverordnung einzuhalten.

5.3 Maßnahme 3: Installation Solarthermieanlage

Da das Pultdach optimal nach Ost-West ausgerichtet ist und ein Neigungswinkel von annähernd 18° besitzt, bietet sich hier eine Solarthermieanlage oder eine Photovoltaikanlage an. Diese muss jedoch Richtung Süden ausgerichtet werden und aufgrund des flachen Neigungswinkels aufgeständert werden. Es wurde sich in diesem Fall für eine Solarthermieanlage mit Vakuumröhrenkollektoren entschieden, wodurch ein Deckungsgrad von 21% erreicht wird, was bedeutet, dass 21% der benötigten Energie um das Trinkwasser auf Wunschtemperatur zu bringen von der Solaranlage bereitgestellt werd. Es fällt hierbei lediglich Hilfsenergie für die Pumpen und die Regelung an. Der Grundlastwärmeerzeuger wird durch diese Maßnahme nicht so oft benötigt und Energie wird gespart, da kein Gas verfeuert werden muss um Wärme zu erzeugen.

Vor allem bei einem hauptsächlich im Sommer genutzten Ferienhaus ist eine Solarthermieanlage sinnvoll, da in diesen Monat das Strahlungsangebot sehr gut ist und warmes Wasser nur zum Waschen, Duschen und Kochen benötigt wird. Womit ein hoher Deckungsgrad erreicht werden kann.

Die Transmissionswärmeverluste bleiben bei dieser Variante natürlich unverändert hoch, dasselbe gilt übrigens für den Fall der Optimierung der Anlagentechnik. Die Solarthermieanlage hat also lediglich Einfluss auf den spezifischen Primärenergiebedarf. Der verringert sich im Vergleich zur Ausgangsvariante aber nur um etwa 8,3%, womit die Anforderungen immer noch um 156,8% überschritten werden. Dass heißt wiederum, die Solaranlage allein hat keinen wirkungsvollen Effekt um die Vorgaben der EnEV zu erfüllen. Sie kann nur als zusätzliche Maßnahme gesehen werden.

5.4 Maßnahme 4: Kombination der Einzelmaßnahmen

Die vorab simulierten einzelnen Maßnahmen haben alleine keinen Einfluss darauf die Anforderungen der EnEV 2009 zu erfüllen, allerdings verdeutlichen sie gut wie wirksam die einzelnen Methoden im Vergleich miteinander sind und welche es Wert sind kombiniert zu werden um das Ziel zu erreichen.

Um den spezifischen Primärenergieverbrauch auf das erlaubte Limit zu drücken, werden die Vor- und Rücklauftemperaturen auf 35°C/28°C gesenkt die durch eine Luft/Wasser-Wärmepumpe bereitgestellt werden. Dadurch, dass der Fußbodenaufbau erneuert werden muss wird in diesem Zug eine Fußbodendämmplatte der Stärke 4cm mit einer Wärmeleitfähigkeit von 0,04W/mK verbaut. Weiterhin wird eine Zu- und Abluftanlage mit Wärmerückgewinnung eingesetzt, aus Gründen die bereits unter Abschnitt 5.3 erläutert wurden. Durch die optimale Ausrichtung und Neigung des Daches wird ebenfalls eine Solarthermieanlage in das Konzept integriert um bei der Erwärmung des Trinkwassers den Grundlastwärmeerzeuger zu entlasten.

Bei der Anwendung aller Maßnahmen kann der Primärenergieverbrauch von 605kWh/m²a um 77,4% auf 137kWh/m²a gesenkt werden. Der Endenergieverbrauch sinkt dabei von 232,7kWh/m²a um 77,4% auf 52,7kWh/m²a. Der spezifische Primärenergiebedarf liegt 35,6% unter dem Anforderungswert. Die Anforderungen an die Transmissionswärmeverluste werden in diesem Fall jedoch immer noch um 13,5% überschritten. Da alle wärmeübertragenden Flächen in dieser Simulation nach dem Stand der Technik gedämmt sind, würde nur ein zusätzlicher Austausch der Fenster, hinzu Dreischeiben-Isolierverglasung, zu einer Unterschreitung der Anforderung an den Transmissionswärmekoeffizienten führen, dieser würde dann um 2,5% unterschritten. Da die Fenster allerdings erst 1999 erneuert wurden und es sich bereits um Zweischeiben-Isolierverglasung handelt, sollte ein Austausch aus monetären Gründen verworfen werden. Denn Fenster besitzen eine lange Amortisationszeit und nach 12 Jahren ist ein wirtschaftlicher Ersatzzeitpunkt wahrscheinlich noch nicht gegeben. Aus diesem Grund wird im weiteren Verlauf der Fensteraustausch nicht berücksichtigt.

5.5 Zusammenfassung

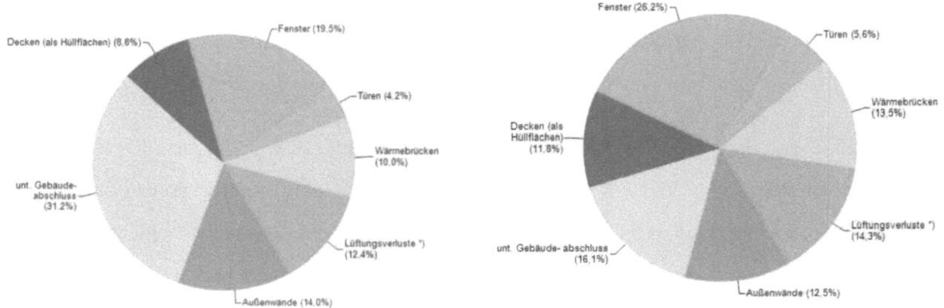

Abbildung 12: Wärmeverluste vor der Sanierung und nach der Sanierung

An dem Vergleich der Wärmeverluste erkennt man, dass durch die Dämmung des unteren Gebäudeabschlusses dieser weniger zum Verlust beiträgt und auch die Verbesserung der Dämmung der Außenwände führt zu einem geringeren Verlust über dieses Bauteil. Dafür hat sich der relative Anteil an Wärmebrückenverlusten erhöht. Die meisten Verluste gehen nach der Sanierung über die Fenster verloren.

		Primärenergieverbrauch		Endenergieverbrauch		Transmissionswärmeverluste	Primärenergiebedarf
		[kwh/m²a]	[%]	[kwh/m²a]	[%]	Über-/Unterschreitung [%]	Über-/Unterschreitung [%]
Ausgangsfall		605,0	100,0	232,7	100,0	56,0	180,1
Maßnahme 1	Dämmung	560,5	7,4	215,6	7,3	43,7	159,5
Maßnahme 2	optimierung Anlagentechnik	201,7	66,7	77,6	66,7	56,0	-5,2
Maßnahme 3	Solarthermieanlage	554,6	8,3	213,3	8,3	56,0	156,8
Maßnahme 4	Kombination 1,2,3	137,0	77,4	52,7	77,4	13,5	-35,6

Abbildung 13: Vergleich der Varianten (die Prozentangaben beim Primär- und Endenergieverbrauch stellen die Senkung durch die Maßnahme dar)

In Abbildung 13 sind die Varianten einander gegenübergestellt hinsichtlich des durch sie abgeleiteten Primär- und Endenergieverbrauchs, sowie der Über- beziehungsweise Untererfüllung der Anforderungen an die Transmissionswärmeverluste und den Primärenergiebedarf. Wie bereits erwähnt erkennt man, dass nur die Maßnahme 4 – also erst ab der Kombination von Einzelmaßnahmen – die Anforderungen der EnEV souverän erfüllt werden. Ebenfalls ersichtlich ist, dass die Dämmung und die Solarthermieanlage den Energieverbrauch nur geringfügig senken. Die Optimierung der Anlagentechnik hingegen ist die beste Einzelmaßnahme, sie erfüllt die Anforderungen der EnEV hinsichtlich des einzuhaltenden Primärenergiebedarfs auch allein.

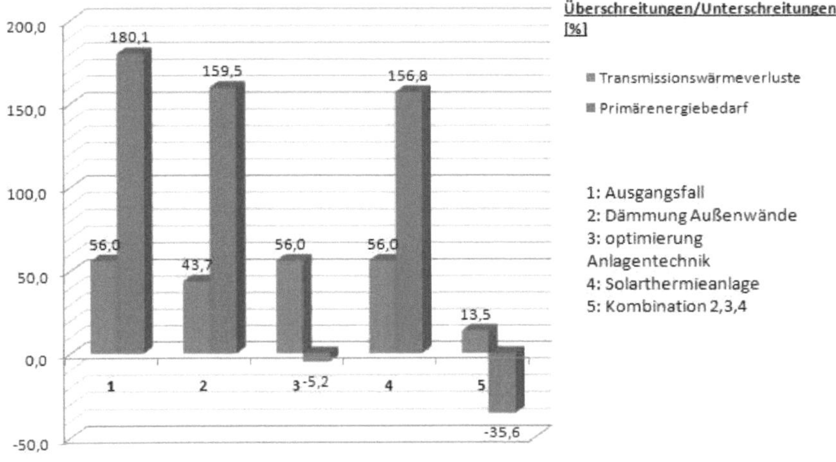

Abbildung 14: Über- bzw. Untererfüllung der Vorgaben der Energieeinsparverordnung

In Abbildung 14 ist dargestellt, welche Maßnahmen zum Erfüllen der Vorgaben der Energieeinsparverordnung beitragen und welche nicht zielführend sind. Auch hier ergibt sich ein ähnliches Bild, wie in Abbildung 13. Interessant ist der Fakt, dass die Optimierung der Anlagentechnik fasst im Alleingang die Anforderungen an den Primärenergiebedarf erfüllt, alle anderen Einzelvarianten sind bei der Zielerrichtung bedeutungslos. Auch hier zeigt sich, dass verschiedene Methoden kombiniert werden müssen. Außerdem ist zu erkennen, dass die Transmissionswärmeverluste nicht in so großen Bandbreiten gesenkt werden können wie der Primärenergiebedarf.

Abbildung 15 verdeutlicht die unterschiedlichen Einsparpotentiale der Maßnahmen, auch hier ist eindeutig ersichtlich, dass mit Einzelmaßnahmen nur ein Bruchteil der Möglichkeiten ausgeschöpft werden können. Die empfohlene Variante führt zu einer Einsparung von 77,4%. Die beste Einzelmaßnahme lässt den Endenergieverbauch um 66,7% schrumpfen. Die schlechtmöglichste Umsetzung ist die alleinige Verbesserung der Dämmung der Außenwände, denn dadurch sinkt der Energieverbrauch nur um 7,3%.

Weitere Grafiken sind im Anhang in der Excel-Datei „Vergleich Sanierungsmaßnahmen" zu finden.

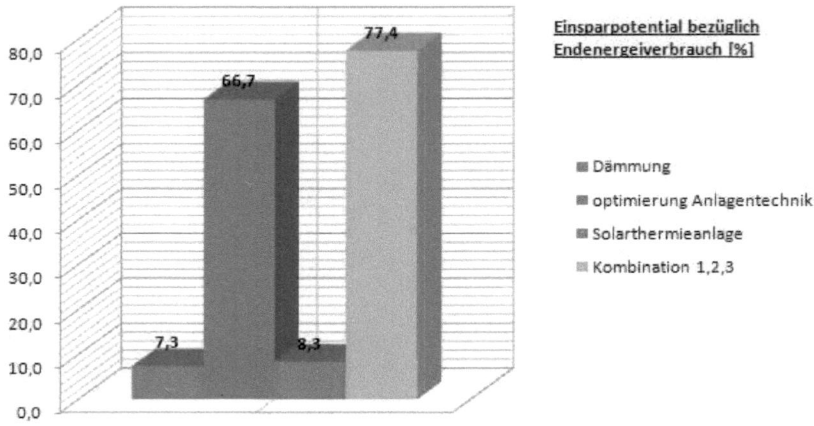

Abbildung 15: Einsparpotential der verschiedenen Maßnahmen hinsichtlich des Endenergieverbrauchs

Vor dem Hintergrund, dass das Gebäude allerdings nur saisonal im Sommer genutzt wird und sich dies wahrscheinlich auch in nächster Zeit nicht ändert, aber die meisten Verluste in der Heizperiode auftreten, sollte keine umfassende Modernisierung durchgeführt werden.

Zielführend wären hier lediglich der Einsatz einer Solarthermieanlage und ein Wechsel hinzu einer regenerativen Wärmeversorgung.

10. Literaturverzeichnis

[1]   **Bundesverband Kalksandsteinindustrie e.V.** Energieeinsparverordnung 2009 [Buchabschnitt] // Kalksandstein - Energieeinsparverordnung 2009 / Buchverf. Maas Prof. Dr.-Ing. Anton und Hauser Prof. Dr.-Ing. Gerd. - Hannover : Bau+Technik GmbH, Düsseldorf, 2009.